农业气象灾害防御实用宝典

李春 董朝阳 编著

气象出版社
China Meteorological Press

图书在版编目（CIP）数据

农业气象灾害防御实用宝典 / 李春，董朝阳编著
. -- 北京 : 气象出版社，2023.12
ISBN 978-7-5029-8144-0

Ⅰ. ①农… Ⅱ. ①李… ②董… Ⅲ. ①农业气象灾害
—灾害防治 Ⅳ. ①S42

中国国家版本馆CIP数据核字(2023)第250623号

农业气象灾害防御实用宝典

Nongye Qixiang Zaihai Fangyu Shiyong Baodian

出版发行：气象出版社

地　　址：北京市海淀区中关村南大街46号　　**邮政编码**：100081

电　　话：010-68407112（总编室）　010-68408042（发行部）

网　　址：http://www.qxcbs.com　　**E-mail**：qxcbs@cma.gov.cn

责任编辑：邵　华　刘天泽　　**终　　审**：张　斌

责任校对：张硕杰　　**责任技编**：赵相宁

设　　计：北京追韵文化发展有限公司　　**制　　图**：李　晨

印　　刷：北京地大彩印有限公司

开　　本：710 mm × 1000 mm　1/16　　**印　　张**：4.75

字　　数：33千字

版　　次：2023年12月第1版　　**印　　次**：2023年12月第1次印刷

定　　价：30.00元

目录

农业干旱

一、农业干旱的定义

无水为干，少雨则旱，长期缺少降水且没有其他水源补充即发生干旱。干旱是一种缓慢、连续、复杂的过程，灾前无明显征兆。

农业干旱是指在作物生长发育过程中，因降水不足、土壤含水量过低和作物得不到适时适量的灌溉，致使供水不能满足作物的正常需水，而造成作物减产的农业气象灾害。在同等气象条件下，水稻比高粱更容易发生旱灾，蔬菜比粮食作物对水分的要求更高。

农业干旱和气象干旱一样吗？

农业干旱与气象干旱并不完全一致。通常认为，当降水量持续低于某一正常值，就视为发生气象意义上的干旱，但是农业上是否真的发生干旱还需要根据作物的种类、发育期、农业管理水平等客观因素综合判断。比如，北方冬季没有下雪，但田间若无作物，即使气象干旱十分严重，也不能说发生农业干旱。

二、农业干旱对作物的影响

农业干旱在我国发生频繁，是对农业生产影响较为严重的气象灾害。作物受旱后，生长速率下降，致使叶片萎蔫，落花落果，轻则减产，重则致死。

以下三个时期发生干旱对作物生长发育的影响最大。

播种期

作物播种时，若土壤水分不足，则影响播种和出苗，即使出苗也会因为水分不足生长纤弱。

水分临界期

此时是作物对水分最敏感的时期。对谷类作物而言，水分临界期一般为生殖器官形成的时期，这一时期不一定与需水最大时期同期，但该时期水分不足对作物的最终产量和品质影响最大。

水稻、小麦水分临界期在拔节—抽穗时期，干旱会使穗粒数减少；玉米水分临界期在抽雄前的“大喇叭口”时期，干旱可影响雄花的正常发育，农民一般称之为“卡脖旱”；棉花、薯类等作物在水分临界期遇到干旱，则会导致棉花蕾铃脱落或薯块不正常膨大。

玉米受旱后植株枯萎

玉米授粉期受旱后部分籽粒干瘪

灌浆成熟期

对谷类作物而言，灌浆成熟期是其一生中需水量最大的时期，若遇到干旱，将使千粒重降低，严重时甚至空壳。

三、农业干旱的防御和应对措施

做好农田基本建设

兴修水利，可以防止水土流失，提高拦水蓄水能力，这是农业防旱的根本途径。

采用滴灌、地下水灌溉

水库提前蓄水，主动引渠灌溉

提高水资源利用率

首先，根据作物生长发育各阶段耗水规律、本地气候条件、土壤水分状况，制定一套合理的灌溉机制，做到既满足作物需要又不浪费水资源。

其次，可以采用先进的喷灌、滴灌、地下水灌溉等节水灌溉技术，在水资源不富裕的地方还可以集中灌水，将少量的水用在“刀刃”上，提高水分利用率。

抑制农田蒸发

可以用地膜覆盖或其他作物残留物覆盖农田土壤，抑制土壤水分蒸发，免耕或中耕也可保持土壤水分条件。

作物收割后覆地膜抑制农田蒸发

化学抗旱

可以适量使用化学覆盖剂、保水剂、抗蒸腾剂以减轻干旱的危害，使用黄腐酸等抗旱剂拌种或对叶片喷施，也可减少水分蒸腾，实现抗旱增产的目的。

高温热害

一、高温热害的定义

高温热害，也称热害、高温害，是指由于气温超过作物生长发育的上限温度，对作物生长发育和产量形成造成损害的一种农业气象灾害。

高温环境下，作物的自我保护机制驱使叶片上的气孔关闭，以减少蒸腾作用，导致肥料运输受到影响。受害时间过长会使叶片干枯，光合作用减少，作物产量、品质也会随之下降。

不同作物或同一作物不同发育期的高温热害指标不同。一般把高温热害指标定为连续 3 天及以上日平均气温≥ 30 ℃、日最高气温≥ 35 ℃，但针对不同作物又有一定的差异。如水稻盛花期的高温热害指标是最高气温连续 3 天≥ 35 ℃；瓜果类蔬菜在连续 32 ℃以上高温环境下会生长缓慢，引起落花落果；马铃薯在气温＞ 26 ℃时块茎即停止膨大。

二、高温热害对作物的影响

高温会使植株的叶绿素失去活性，阻滞光合作用的暗反应，降低光合效率，大大增加消耗；使细胞内蛋白质凝聚变性，细胞膜半透性丧失，植物的器官组织受到损伤；高温还会使光合同化物送到穗和粒的能力下降，酶的活性降低，致使灌浆期缩短，籽粒不饱满，产量下降。

如水稻开花期遇到35 ℃高温时，花粉粒破裂失去授粉能力，最后3片功能叶早衰发黄，灌浆期缩短，千粒重下降，秕粒率增加。棉花现蕾期遇到日平均气温＞ 30 ℃的天气，就会因蒸腾作用过旺导致棉株生理干旱，影响现蕾；花铃期的高温会使花粉干缩，失去授粉能力，引起蕾铃大量脱

水稻受高温热害

苹果日灼病的发展及引起的腐烂

落，降低坐桃率。蔬菜遇到高温天气，菜叶会发生灼伤萎蔫，影响产量和品质。长期在高温条件下，果树叶片将会干枯、脱落，果实将会灼伤、萎缩、脱落及畸形等，对果树产量、品质产生显著影响。

三、高温热害的防御和应对措施

了解气候规律，合理布局品种

了解气候变化规律，使作物生长关键期避过高温时期，减轻高温伤害；合理安排生产布局，适当增加作物种植的行间距，以增加田间通风条件。

改进栽培技术，改善农田小气候

可采用“以水调温”的措施，降低田土温度，增大植株间的空气湿度，以适应作物生长发育的要求，缓解高温热害。水稻抽穗开花期要浅水勤灌，最好采用日灌夜排或日间喷灌等方法，防止断水过早；旱地作物要勤浇水、多淋水，最好采用喷灌等方法；设施农业和保护地农业可通过遮阴、喷水、通风等技术手段，调控蔬菜、花卉和果树的田间小气候条件。

采用喷灌技术

合理使用肥料、药剂

壮苗可以提高对高温的抵抗能力，通过在高温季节出现前增施有机肥的方式，早管、精管，促使枝叶繁茂以减轻日晒的影响。在高温出现时喷洒 3% 的过磷酸钙等有减轻高温伤害的效果。在果面喷洒波尔多液或石灰水，也能够减少日灼病的发生。

果实套袋

合理使用遮阴措施

修剪果树时，保留阳面的长枝叶遮阴。同时采取果实套袋以减轻日灼病的发生，注意打开甚至增大袋子的气孔，降低袋内温度。

修剪果树，合理遮阴

小麦干热风

一、小麦干热风的定义

小麦干热风指小麦在扬花灌浆期间出现的高温、低湿并伴有一定风力的灾害性天气，是我国北方麦区小麦生产中主要的灾害之一。一般年份小麦干热风可使小麦减产一两成，严重年份减产三成以上。小麦灌浆至成熟阶段遇有高温、干旱和强风力天气，易形成干热风害。

我国常见的小麦干热风主要分为高温低湿型和雨后青枯型。高温低湿型干热风一般发生在小麦开花后 20 天左右至蜡熟期。它的特点是出现高温天气与干旱现象，有一定的风力影响，加剧了干与热。这种天气使小麦干尖、植株

小麦干热风

枯黄、麦粒干秕从而影响产量。它是我国北方麦区干热风的主要类型。雨后青枯型干热风通常出现在小麦灌浆后期，它的特点是雨后出现高温和乍晴天气，温度急升，湿度剧降，日晒强烈，热风劲吹，会造成小麦青枯和枯熟。除了这两种类型，还有旱风型干热风，此类小麦干热风出现在新疆和西北黄土高原多风地区，属于非常少见的一种。

小麦干热风的类型对比

类型	发生时间	日最高气温/℃	14时空气相对湿度/%	14时风速/（米/秒）
高温低湿型	小麦开花后20天左右至蜡熟期	≥30	≤30	≥3
雨后青枯型	小麦灌浆后期，成熟前10天内	≥30	≤40	≥3
旱风型	小麦扬花灌浆期间	＞25	＜30	＞14

二、小麦干热风对作物的影响

小麦干热风对开花到乳熟期间的小麦危害极大。它会加速小麦的蒸发量，使其体内的水分很快蒸发出去，破坏叶绿素，令作物的光合作用停止，使小麦的茎叶很快枯萎。往往导致小麦灌浆不足，促使籽粒干瘪、皮厚、腹沟深，千粒重下降，一般会使小麦减产 5% ～ 10%，严重时减产 20% 以上。小麦的芒、穗、叶片和茎秆等部位均可受害。轻度受害时仅表现为炸芒和提前成熟，千粒重略降；严重受害时从顶端到基部失水后青枯变白或叶片卷缩凋萎，颖壳变为白色或灰白色，籽粒干瘪，千粒重下降 10% ～ 15%，且蛋白质含量也下降。

正常麦穗与受灾麦穗对比

三、小麦干热风的防御和应对措施

关注土壤墒情，适时浇水

浇好小麦灌浆水和麦黄水，可降低麦田近地表气温。提高田间湿度，确保小麦生育后期对水分的需要，延长灌浆期，增加粒重，是控制干热风危害最有效的措施。应密切关注土壤墒情变化，对出现旱情的麦田应适时浇好灌浆水，确保冬小麦顺利灌浆。同时注意大风天气不浇水，以免造成倒伏。

适时浇好灌浆水

做好“一喷三防”工作

若未来气温偏高，部分地区有小麦干热风天气，应加强冬小麦后期管理，及时做好“一喷三防”工作，即在小麦穗期使用高效低毒杀虫剂、杀菌剂、植物生长调节剂、微肥等混配剂进行喷雾，通过一次喷药，实现防病虫害、防干热风、防早衰、增粒重、提品质的目的，确保稳产高产。

做好“一喷三防”工作

改善农田小气候

加强农业基础设施建设，植树造林，建造防护林带，改善农田小气候。共同构筑一个涵养水源、缓和旱情、减轻风速的农田环境，增强农田抗灾保障能力。

涝害

一、涝害的定义

涝害是指田间积水难以迅速排出，影响作物生长的现象。涝害可以分为两种，一种是洪涝，主要是由于暴雨、长期连阴雨或冰雪融化，引起洪水暴发、水体泛滥，造成水土流失，淹没农田，破坏农业生产设施使作物受损。二是渍涝，也称湿害，主要是由于长期阴雨使土壤处于水分的过饱和状态，导致土壤透气性差，植物根系缺氧而丧失生机，引起烂根死苗而减产。涝和渍都是由于田间水分过多导致的危害，二者是一个问题的两个方面，涝在渍存，有渍易涝。渍涝对作物的危害更多是生理上的，而洪涝除了对作物会造成生理上的危害，还会对作物造成机械损伤，甚至包括农业设施和人畜生命的危害。

二、涝害对作物的影响

涝害对作物的影响与其发生的季节和作物所处的生育期有关，作物的种类不同危害也存在差异。水稻、高粱抗涝

能力较强；小麦、大豆、玉米处于中等；棉花、薯类、花生等抗涝能力弱。但无论哪种作物，涝害的主要影响都是根系正常生长和呼吸受限，进而影响作物光合作用，造成根系早衰、叶片早枯，严重时会出现植株倒伏，抗病力减弱，甚至死亡，最终影响作物品质和产量。以玉米为例，苗期发生涝害会导致幼苗叶片萎蔫黄化，生长缓慢；穗期受害后，根系正常生理活动能力下降，后期严重会变黑腐烂，叶片逐渐褪绿，茎秆软弱，植株生长缓慢，雌穗吐丝期延迟，造成雌雄穗花期不遇，进而影响产量。

甘薯苗期受涝害

玉米受涝害

三、涝害的防御和应对措施

涝害是一种破坏力较大，且较难防御的农业气象灾害。对于涝害的防御，做好农田水利设施的日常管理是降低涝害风险的首要办法。汛期来临前，要及时修挖、疏通排水沟，确保积水可顺利排出。涝害发生后，应在以下几个方面进行补救。

提前清理河道

及时排出田间积水

及时排水

涝害发生后，要利用一切排灌设施，快速排除田间积水，以利植株尽快恢复生长。

培扶植株

涝害常引起作物倒伏，如果前期发生倒伏，植株可自行恢复生长。若生长中后期发生倒伏，此时植株已不能自行恢复直立，需人工扶正并培土固牢。

中耕散墒通气

中耕散墒

田间积水排除后，应及时进行中耕，破除土壤板结，散墒通气，促进根系发育，使受灾作物尽快恢复生长。

增施速效肥

受涝后土壤养分大量流失，加上根系吸收功能下降，植株生长缓慢，可在叶片喷施尿素和二氢钾，促进植株尽快恢复生长。

整枝打杈促进通风

涝害后田间湿度大，可去除枯叶和植株底部的叶片，并清除田间杂草，提高田间通风透光能力，促进田间水分蒸发，以减少病害发生。

促进早熟

涝害后植株可能出现贪青晚熟现象，可喷施催熟剂等适当促进植株早熟。

连阴雨

一、连阴雨的定义

连阴雨指连续3～5天以上的阴雨天气现象（中间可以有短暂的日照时间）。连阴雨天气的日降水量可以是小雨、中雨量级，也可以是大雨或暴雨量级。不同地区对连阴雨有不同的定义，一般要求降水量达到一定值才称为连阴雨。例如，定义连续5天以上、日降水量≥0.1毫米、过程总降水量≥30毫米为一个连阴雨过程。

二、连阴雨对作物的影响

在作物生长发育期间，连阴雨天气使空气和土壤长期潮湿，日照严重不足，影响作物正常生长；在作物成熟收获期，连阴雨可造成果实发芽霉烂，导致作物减产。持续的连阴雨可以造成连续低温冷害和洪涝灾害，对农业生产造成危害。

大棚烤烟烟苗遭受连阴雨受灾情况

连阴雨四季都可能出现，不同季节的连阴雨对农业造成的影响不同，其中以春、秋两季的连阴雨对农业生产影响较大。连阴雨有时会导致湿害，但作物更多会因长时间缺少光照，植株体光合作用减弱，加之土壤和空气长期潮湿，造成生理机能失调、感染病害，导致生长发育不良；作物结实阶段的连阴雨会令籽实发芽、霉变，使作物产量和质量遭受严重影响。连阴雨灾害发生程度的年际间差异较大，常导致洪涝、寡照、低温、湿害、渍害等灾害。同时，连阴雨易诱发喜温、喜湿作物病虫害。

食用红薯叶尖受连阴雨影响

莴苣受连阴雨影响

播种期遭遇连阴雨伴随低温，会造成种植作物烂秧死苗，促使秧田的棉腐病菌繁殖侵染，间接加重烂秧程度，导致损失大量稻种；生殖生长阶段遭遇连阴雨，会使作物开花授粉受阻，造成大面积“花而不实”，结实率降低，对产量造成较大影响；收获期的连阴雨，会导致作物大范围的失收，造成丰产不丰收的局面。

三、连阴雨的防御和应对措施

加强田间管理

农户要及时采收青菜、大白菜、结球甘蓝、青花菜等已经成熟的蔬菜并进仓贮存。抓紧清沟理渠，促进排水通畅，排除田间积水，严防低温渍害发生。对可能发生冻害的麦苗应及时补施速效营养叶面肥，促进作物恢复生长。

已成熟蔬菜尽快采摘入库

加强防冻保暖

设施作物可采取加搭中小拱棚、覆盖无纺布、增设电加温线和LED灯等保温增温补光措施；露地蔬菜可采取浮面覆盖稻草、遮阳网等保温措施。畜禽幼崽可采取加厚垫草、增加供暖设施等保育保暖措施，减轻冻害发生。

连阴雨来临前使用生物制剂净化水质

加强病害预防

做好大棚蔬菜瓜果灰霉病、白粉病等病害的防治工作，及时摘除老叶病叶，降低病菌基数。鱼塘可在连阴雨来临前使用生物制剂净化水质。

低温冷害

一、低温冷害的定义

低温冷害，简称冷害，是指在作物生长发育期间，尽管日最低气温在0 ℃以上，但出现长时间的持续性低温天气，或者在作物生殖生长期间出现短期的强低温天气过程，日平均气温低于作物生长发育适宜温度的下限指标，影响作物的生长发育和结实而引起减产的农业气象灾害。

不同于冻害，冷害发生时的日平均气温一般在0 ℃以上甚至更高，导致作物受灾的直接原因就是环境条件的温度低于作物在这个发育时期所需的温度。一般作物受害后形态上无明显症状，不易发现，所以也有地方俗称为“哑巴灾”。冷害根据灾害发生的时节、地域以及影响的作物不同而有不同的叫法，如水稻抽穗开花期的冷害发生在长江中下游地区称秋季低温害，俗称“翘穗头”，发生在广东、广西地区时因值寒露节气，故称“寒露风”，而云贵川地区称之为“八月寒”或“秋寒”。

二、低温冷害对作物的影响

冷害对作物的生理危害影响主要表现在光合作用削弱、呼吸代谢失调、吸收能力下降、细胞膜系统受损，影响养分的运转，最直接的影响即出现伤斑及坏死。影响严重的一天之内就会表现出来，但大多数作物有时候遭受冷害后形态上并没有出现明显的症状，过段时间后，才可能会出现叶片下垂、叶片周缘起皱纹、叶片的颜色变浅变黄、果树落花落果、蔬菜花打顶等现象，最终产量降低、质量下降。

黄瓜花打顶

三、低温冷害的防御和应对措施

掌握气候规律，合理搭配品种

对一个地区来说，冷害出现的日期和频率每年变化较大，生产上可以根据低温气候规律，考虑避过低温的影响。以种植双季稻面积较大的长江中下游地区为例，历年第一次秋季低温一般最早出现在 9 月 10—20 日，最晚出现在 10 月 10—20 日。而双季晚稻的安全齐穗期平均在 9 月 20—25 日，生产中应选择 9 月下旬能齐穗的品种为宜。按不同品种播种至齐穗所需积温，调整不同品种播栽期，做到在安全齐穗期内齐穗，避免低温冷害。

掌握气候规律，科学播种

改善和利用小气候生态环境

可以利用某些局地地形地貌削弱冷空气入侵时的降温强度，形成比周围地区相对偏暖的环境，或者通过人为影响改变近地层气象条件，如覆盖地膜、设置风障、稻田灌水增温、果树培土保温等。

设置风障

科学合理的耕作方法

通过秋起垄、苗期深松、实时早播、增施有机肥等办法可提高和保持地温。育苗移栽也是一项可战胜低温冷害的增产措施，育苗可延长作物生育期，也培育了壮秧，做到苗齐、苗匀、苗壮。

育苗移栽

化学方法

喷施植物生长调节剂、叶面保温剂等可有效降低低温危害。在作物生育后期，根外喷施磷肥、微量元素等，对抵御低温冷害和促进早熟有一定的效果。

冻害

一、冻害的定义

冻害是一种威胁巨大的农业气象灾害，指作物遇到0 ℃以下的强烈低温或剧烈变温，引起植株体冰冻甚至丧失生理活力，造成植株死亡的现象。与冷害相比，一般冻害造成的伤害都是不可逆的。冻害在我国主要的受灾对象是冬小麦、油菜等越冬作物，以及相对不耐低温的蔬菜、葡萄、柑橘、油茶、茶树等经济作物。不同作物遭受冻害的温度条件有很大差异，如橡胶树等热带作物当气温降至0 ℃或以下时就会受到冻害，而冬小麦、葡萄、苹果等休眠时，当气温降至

蔬菜遭受冻害

零下十几摄氏度、二十几摄氏度时才受害。从发生频率看，以严冬冻害发生较多，但从农业生产危害情况看，则以初冬冻害和晚冬冻害最为严重，这是因为越冬作物经过晚秋和初冬的低温锻炼，严冬时期抗寒性较强，而在初冬和晚冬时期抗寒性较弱。

二、冻害对作物的影响

作物遭受冻害的症状往往滞后于天气的降温过程，受冻1～2天后症状表现明显。叶片的表现是受冻后细胞失水，呈水浸状，叶子凋萎，颜色先变浓绿，再变白、变褐，而后干枯。茎秆的表现是呈水浸状、软化，茎和枝叶变黑，上部枝叶干枯。花穗的表现是穗花凋萎，变褐色，脱落。果实的表现是未成熟的果实变黑或呈水泡状；作物苞叶失去绿色并变干；籽粒失去弹性、不变黄、干秕、有皱纹。果树的花叶枯萎或落花落果，严重的整个植株死亡。

三、冻害的防御和应对措施

冻害是一种不可逆的农业气象灾害，只能预防和缓解，如果产生了就无法治疗。

物理方法

熏烟法：预先在将要发生冻害的晴夜里熏烟，燃烧放热可增温，烟幕笼罩在农田上空，可防止地面热量的扩散。同时，由于烟幕的存在，地面有效辐射减弱，气温下降幅度减小，在形成烟幕的时候有许多吸湿性微粒产生，空气中的水汽在微粒上凝结放出潜热，也有助于温度提高。

农业技术措施

覆盖法：适用于种植面积较小的蔬菜及瓜类。在冻害来临前，用不同的覆盖物盖在作物上面，既防止外面冷空气的侵袭，又能减少土壤热量的散失。此外，其他各种形式的覆盖，如葡萄埋土、果树主干包草、柑橘苗覆盖草帘和风障，以及经济作物覆盖塑料薄膜等，也有非常好的防冻效果。

选择抗冻品种

葡萄埋土，果树主干包草

化学方法

可以通过喷施各种抗冻药剂来防御冻害，其原理是通过药剂防止细胞内自然结冰。抗冻类的化学产品一般在降温前 7 天左右使用能产生最大的效益。

喷施抗冻药剂

霜冻

一、霜冻的定义

霜冻是指发生在冬春和秋冬之交，冷空气使植物表面温度骤降到 0 ℃以下，导致植株体内水分结冰，原生质受到破坏，最终引起植株受害或者死亡的一种短时间的低温灾害。霜冻主要发生在春、秋两季，春季最后一次霜冻称为终霜冻，秋季出现的第一次霜冻称为初霜冻。霜冻与日常所说的“霜”的概念不同。霜是近地面空气中的水汽达到饱和，在物体上直接凝华而成的白色冰晶，是一种纯粹的物理现

植物遭受霜冻

象，有霜未必会对作物造成危害。霜冻可能有水汽凝华成霜（称为“白霜”），也可能不出现霜（称为“黑霜”），不能以是否出现霜来判断是否发生了霜冻灾害。霜和霜冻虽形影相连，但危害庄稼的主要是“冻”，而不是“霜”。霜冻与冻害虽然都是受低温影响而发生的灾害，但二者略有不同。霜冻的受害温度在0 ℃或0 ℃以下不太低的温度，而冻害的受害温度相对更低。

二、霜冻对作物的影响

近年来随着气候变暖，无霜期延长，但是霜冻的发生频次并没有显著减少。事实上，随着生育期长的高产品种的使用，作物本身抗冻性逐渐降低，发生霜冻的风险增加。霜冻对作物的危害程度与霜冻强度以及霜冻的持续时间有关，同时也与作物的种类、品种和生长发育阶段有关系。霜冻使作物遭受危害，主要是冻结导致细胞脱水，代谢过程被破坏，原生质结构受损伤以及细胞内冰块导致的机械损伤。

幼芽冻枯

另外，作物内部的水分被冻结成冰晶，霜冻过后气温回升，水分蒸发量大，致使植物枯萎而死亡。霜冻对各种作物的危害期有所差异，对于小麦，拔节期是霜冻影响的关键时期；对于玉米，霜冻主要影响在苗期和蜡熟期；对于棉花，霜冻主要影响苗期和棉桃充实期；对于果树，霜冻主要危害花和幼果。

三、霜冻的防御和应对措施

霜冻从本质上来说是由低温造成的，所以多数的防霜减灾技术也是围绕改善作物自身与周围环境温度来实现的。

种植前做好规划

选择适宜的种植地及播种期和移栽期，是防御霜冻最经济的方法。栽培防护林或利用芦苇、稻草和树枝等设立风障可以抵御霜冻灾害。在栽培管理上，也可以采取相应的防冻措施来躲避霜冻，如春玉米适当深播、棉花出苗后不要过早定苗，控制氮肥施用量避免大田作物贪青晚熟等。

霜冻来临前施用有机肥

加强栽培管理

将作物进行覆盖是最直接有效的防御方法。灌水可增加近地面层空气湿度，减少地面热量散失，提高空气温度；小面积的园林植物还可以采用喷水法。熏烟法可以用烟雾阻挡地面热量的散失。在寒潮来临前早施有机肥，可增强作物吸热保暖的性能。

利用烟熏法抵御霜冻

灾后及时采取补救措施

霜冻发生后，严重缺苗的地块要及时改种、重种。对于受害后有恢复再生能力的作物，可及时喷施生长素，促进生长，摘除枯叶减少受病，增施氮肥或复合肥，促进新叶生长；生育后期给叶面喷施尿素、磷酸二氢钾以延长叶片功能期，防止早衰。

生育后期为叶面喷施尿素

雪灾

一、雹灾的定义

冰雹是从发展强盛的积雨云中降落到地面的冰球或冰块。雹灾是一种季节性明显、局地性强且来势猛、持续时间短、以机械性伤害为主的危害极大的农业气象灾害。

据统计，雹灾发生的局地性很强，山的阳坡、迎风坡以及地表复杂的地区较平原地区更容易出现冰雹，其发生发展走向又常与山脉、河流的走向一致。每年的4—6月是我国雹灾发生次数最多的时段，为降雹盛期。冰雹常伴随着狂风、强降雨、急剧降温等出现，对农业生产造成的危害是巨大的。

冰雹的发生有以下特征：局地性强，每次冰雹的影响范围一般宽几十米到数千米，长数百米到十多千米，所以民间有“雹打一条线”的说法；历时短，一次狂风暴雨或降雹时间一般只有2～10分钟，少数在30分钟以上；受地形影响显著，地形越复杂，冰雹越易发生。

二、雹灾对作物的影响

雹灾对农业生产造成的危害主要来自冰雹对作物的机械损伤，这主要取决于雹粒的大小、持续时间和降雹的强度。大的冰雹袭击猛或下雹时间长，作物受害就重。同时，冰雹对作物机械损伤的危害也与作物的种类及其发育阶段有关。一般来说，作物苗期因体积小，受灾后易恢复，其抗灾能力要强于成熟期。对不同类型的作物来说，禾本科作物（如水稻、小麦等）生育前期的抗灾能力较强，生育后期抗灾能力弱；双子叶作物（如大豆、白菜、西红柿等）苗期抗灾能力弱，生育中后期抗灾能力强；处在开花期或成熟期的作物较处在幼苗期受害重，甚至能造

遭遇雹灾的草莓

被冰雹损毁的蔬菜棚

成毁灭性的伤害；果树林木遭受雹灾，当年和以后的生长均受影响，受到创伤后还易诱发病虫害。雹灾的发生常伴有狂风骤雨，大风和冰雹还会损坏房屋和农业设施，人畜被砸伤甚至砸死，给农业生产带来巨大损失。

三、雹灾的防御和应对措施

通过观察天气预判冰雹的到来

冰雹危害极大，但其出现前也有明显的特征，人们可以通过观察天气现象加以判断。冰雹出现前，当地多为暖湿气流控制，天气闷热；临近降雹时，气温骤降，湿度骤升，气压突变，风速、风向都发生变化。当积雨云在远处出现时，若云底呈浓黑滚动状，由远而近，移动速度快，云体接近时有如乌云压顶、铺天盖地之势，雷鸣闪电连成一片，雷声闷沉而长，则说明可能出现冰雹天气。

灾前防御

在生产上，可以在多雹地点种植牧草和树木，增加林地面积，改善地貌环境，从而破坏雹云生成的条件。

如今，气象部门也可以利用火箭炮等设施破坏冰雹云，从而达到既增雨又防雹的效果。

成熟的作物及时抢收，以规避冰雹的风险；易发生雹灾的地区，可架设防雹网来实现防雹的目的。

架设防雹设施

灾后及时补救

冰雹发生后，如有植株大面积死亡要及时清理和改种，存活株较多的要及时浇水追肥促进恢复，如玉米苗期即使地面以上被砸光，只要仍未拔节，地面以下的生长点未受害，仍能迅速长出新苗。

做好灾后补救措施

附录

摘自《气象灾害预警信号发布与传播办法》(中国气象局令第16号)。

气象灾害预警信号及防御指南

一、台风预警信号

台风预警信号分四级，分别以蓝色、黄色、橙色和红色表示。

(一)台风蓝色预警信号

图标：

标准：24小时内可能或者已经受热带气旋影响，沿海或者陆地平均风力达6级以上，或者阵风8级以上并可能持续。

防御指南：

1. 政府及相关部门按照职责做好防台风准备工作；

2. 停止露天集体活动和高空等户外危险作业；

3. 相关水域水上作业和过往船舶采取积极的应对措施，如回港避风或者绕道航行等；

4. 加固门窗、围板、棚架、广告牌等易被风吹动的搭建物，切断危险的室外电源。

(二)台风黄色预警信号

图标：

标准：24小时内可能或者已经受热带气旋影响，沿海或者陆地平均风力达8级以上，或者阵风10级以上并可能持续。

防御指南：

1. 政府及相关部门按照职责做好防台风应急准备工作；

2. 停止室内外大型集会和高空等户外危险作业；

3. 相关水域水上作业和过往船舶采取积极的应对措施，加固港口设施，防止船舶走锚、搁浅和碰撞；

4. 加固或者拆除易被风吹动的搭建物，人员切勿随意外出，确保老人小孩留在家中最安全的地方，危房人员及时转移。

(三)台风橙色预警信号

图标：

标准：12小时内可能或者已经受热带气旋影响，沿海或者陆地平均风力达10级以上，或者阵风12级以上并可能持续。

防御指南：

1. 政府及相关部门按照职责做好防台风抢险应急工作；

2. 停止室内外大型集会、停课、停业(除特殊行业外)；

3. 相关水域水上作业和过往船舶应当回港避风，加固港口设施，防止船舶走锚、搁浅和碰撞；

4. 加固或者拆除易被风吹动的搭建物，人员应当尽可能待在防风安全的地方，当台风中心经过时风力会减小或者静止一段时间，切记强风将会突然吹袭，应当继续留在安全处避风，危房人员及时转移；

5. 相关地区应当注意防范强降水可能引发的山洪、地质灾害。

（四）台风红色预警信号

图标：

标准： 6 小时内可能或者已经受热带气旋影响，沿海或者陆地平均风力达 12 级以上，或者阵风达 14 级以上并可能持续。

防御指南：

1. 政府及相关部门按照职责做好防台风应急和抢险工作；

2. 停止集会、停课、停业（除特殊行业外）；

3. 回港避风的船舶要视情况采取积极措施，妥善安排人员留守或者转移到安全地带；

4. 加固或者拆除易被风吹动的搭建物，人员应当待在防风安全的地方，当台风中心经过时风力会减小或者静止一段时间，切记强风将会突然吹袭，应当继续留在安全处避风，危房人员及时转移；

5. 相关地区应当注意防范强降水可能引发的山洪、地质灾害。

二、暴雨预警信号

暴雨预警信号分四级，分别以蓝色、黄色、橙色、红色表示。

（一）暴雨蓝色预警信号

图标：

标准： 12 小时内降雨量将达 50 毫米以上，或者已达 50 毫米以上且降雨可能持续。

防御指南：

1. 政府及相关部门按照职责做好防暴雨准备工作；

2. 学校、幼儿园采取适当措施，保证学生和幼儿安全；

3. 驾驶人员应当注意道路积水和交通阻塞，确保安全；

4. 检查城市、农田、鱼塘排水系统，做好排涝准备。

（二）暴雨黄色预警信号

图标：

标准： 6 小时内降雨量将达 50 毫米以上，或者已达 50 毫米以上且降雨可能持续。

防御指南：

1. 政府及相关部门按照职责做好防暴雨工作；

2. 交通管理部门应当根据路况在强降雨路段采取交通管制措施，在积水路段实行交通引导；

3. 切断低洼地带有危险的室外电源，暂停在空旷地方的户外作业，转移危险地带人员和危房居民到安全场所避雨；

4. 检查城市、农田、鱼塘排水系统，采取必要的排涝措施。

（三）暴雨橙色预警信号

图标： 

标准：3 小时内降雨量将达 50 毫米以上，或者已达 50 毫米以上且降雨可能持续。

防御指南：

1. 政府及相关部门按照职责做好防暴雨应急工作；

2. 切断有危险的室外电源，暂停户外作业；

3. 处于危险地带的单位应当停课、停业，采取专门措施保护已到校学生、幼儿和其他上班人员的安全；

4. 做好城市、农田的排涝，注意防范可能引发的山洪、滑坡、泥石流等灾害。

（四）暴雨红色预警信号

图标： 

标准：3 小时内降雨量将达 100 毫米以上，或者已达 100 毫米以上且降雨可能持续。

防御指南：

1. 政府及相关部门按照职责做好防暴雨应急和抢险工作；

2. 停止集会、停课、停业（除特殊行业外）；

3. 做好山洪、滑坡、泥石流等灾害的防御和抢险工作。

三、暴雪预警信号

暴雪预警信号分四级，分别以蓝色、黄色、橙色、红色表示。

（一）暴雪蓝色预警信号

图标： 

标准：12 小时内降雪量将达 4 毫米以上，或者已达 4 毫米以上且降雪持续，可能对交通或者农牧业有影响。

防御指南：

1. 政府及有关部门按照职责做好防雪灾和防冻害准备工作；

2. 交通、铁路、电力、通信等部门应当进行道路、铁路、线路巡查维护，做好道路清扫和积雪融化工作；

3. 行人注意防寒防滑，驾驶人员小心驾驶，车辆应当采取防滑措施；

4. 农牧区和种养殖业要储备饲料，做好防雪灾和防冻害准备；

5.加固棚架等易被雪压的临时搭建物。

（二）暴雪黄色预警信号

图标： 

标准：12 小时内降雪量将达 6 毫米以上，或者已达 6 毫米以上且降雪持续，可能对交通或者农牧业有影响。

防御指南：

1. 政府及相关部门按照职责落实防雪灾和防冻害措施；

2. 交通、铁路、电力、通信等部门应当加强道路、铁路、线路巡查维护，做好道路清扫和积雪融化工作；

3. 行人注意防寒防滑，驾驶人员小心驾驶，车辆应当采取防滑措施；

4. 农牧区和种养殖业要备足饲料，做好防雪灾和防冻害准备；

5. 加固棚架等易被雪压的临时搭建物。

（三）暴雪橙色预警信号

图标：

标准：6 小时内降雪量将达 10 毫米以上，或者已达 10 毫米以上且降雪持续，可能或者已经对交通或者农牧业有较大影响。

防御指南：

1. 政府及相关部门按照职责做好防雪灾和防冻害的应急工作；

2. 交通、铁路、电力、通信等部门应当加强道路、铁路、线路巡查维护，做好道路清扫和积雪融化工作；

3. 减少不必要的户外活动；

4. 加固棚架等易被雪压的临时搭建物，将户外牲畜赶入棚圈喂养。

（四）暴雪红色预警信号

图标：

标准：6 小时内降雪量将达 15 毫米以上，或者已达 15 毫米以上且降雪持续，可能或者已经对交通或者农牧业有较大影响。

防御指南：

1. 政府及相关部门按照职责做好防雪灾和防冻害的应急和抢险工作；

2. 必要时停课、停业（除特殊行业外）；

3. 必要时飞机暂停起降，火车暂停运行，高速公路暂时封闭；

4. 做好牧区等救灾救济工作。

四、寒潮预警信号

寒潮预警信号分四级，分别以蓝色、黄色、橙色、红色表示。

（一）寒潮蓝色预警信号

图标：

标准：48 小时内最低气温将要下降 8℃以上，最低气温小于等于 4℃，陆地平均风力可达 5 级以上；或者已经下降 8℃以上，最低气温小于等于 4℃，平均风力达 5 级以上，并可能持续。

防御指南：

1. 政府及有关部门按照职责做好防寒潮准备工作；

2. 注意添衣保暖；

3. 对热带作物、水产品采取一定的防护措施；

4. 做好防风准备工作。

（二）寒潮黄色预警信号

图标：

标准：24 小时内最低气温将要下降 10℃以上，最低气温小于等于 4℃，陆地平均风力可达 6 级以上；或者已经下降 10℃以上，最低气温小于等于 4℃，平均风力达 6 级以上，并可能持续。

防御指南：

1. 政府及有关部门按照职责做好防寒潮工作；

2. 注意添衣保暖，照顾好老、弱、病人；

3. 对牲畜、家禽和热带、亚热带水果及有关水产品、农作物等采取防寒措施；

4. 做好防风工作。

（三）寒潮橙色预警信号

图标：

标准：24 小时内最低气温将要下降 12℃以上，最低气温小于等于 0℃，陆地平均风力可达 6 级以上；或者已经下降 12℃以上，最低气温小于等于 0℃，平均风力达 6 级以上，并可能持续。

防御指南：

1. 政府及有关部门按照职责做好防寒潮应急工作；

2. 注意防寒保暖；

3. 农业、水产业、畜牧业等要积极采取防霜冻、冰冻等防寒措施，尽量减少损失；

4. 做好防风工作。

（四）寒潮红色预警信号

图标：

标准：24 小时内最低气温将要下降 16℃以上，最低气温小于等于 0℃，陆地平均风力可达 6 级以上；或者已经下降 16℃以上，最低气温小于等于 0℃，平均风力达 6 级以上，并可能持续。

防御指南：

1. 政府及相关部门按照职责做好防寒潮的应急和抢险工作；

2. 注意防寒保暖；

3. 农业、水产业、畜牧业等要积极采取防霜冻、冰冻等防寒措施，尽量减少损失；

4. 做好防风工作。

五、大风预警信号

大风（除台风外）预警信号分四级，分别以蓝色、黄色、橙色、红色表示。

（一）大风蓝色预警信号

图标：

标准：24 小时内可能受大风影响，平均风力可达 6 级以上，或者阵风 7 级以上；或者已经受大风影响，平均风力为 6 ~ 7 级，或者阵风 7 ~ 8 级并可能持续。

防御指南：

1. 政府及相关部门按照职责做好防大风工作；

2. 关好门窗，加固围板、棚架、广告牌等易被风吹动的搭建物，妥善安置易受大风影响的室外物品，遮盖建筑物资；

3. 相关水域水上作业和过往船舶采取积极的应对措施，如回港避风或者绕道航行等；

4. 行人注意尽量少骑自行车，刮风时不要在广告牌、临时搭建物等下面逗留；

5. 有关部门和单位注意森林、草原等防火。

（二）大风黄色预警信号

图标：

标准：12 小时内可能受大风影响，平均风力可达 8 级以上，或者阵风 9 级以上；或者已经受大风影响，平均风力为 8 ~ 9 级，或者阵风 9 ~ 10 级并可能持续。

防御指南：

1. 政府及相关部门按照职责做好防大风工作；

2. 停止露天活动和高空等户外危险作业，危险地带人员和危房居民尽量转到避风场所避风；

3. 相关水域水上作业和过往船舶采取积极的应对措施，加固港口设施，防止船舶走锚、搁浅和碰撞；

4. 切断户外危险电源，妥善安置易受大风影响的室外物品，遮盖建筑物资；

5. 机场、高速公路等单位应当采取保障交通安全的措施，有关部门和单位注意森林、草原等防火。

（三）大风橙色预警信号

图标：

标准：6 小时内可能受大风影响，平均风力可达 10 级以上，或者阵风 11 级以上；或者已经受大风影响，平均风力为 10 ~ 11 级，或者阵风 11 ~ 12 级并可能持续。

防御指南：

1. 政府及相关部门按照职责做好防大风应急工作；

2. 房屋抗风能力较弱的中小学校和单位应当停课、停业，人员减少外出；

3. 相关水域水上作业和过往船舶应当回港避风，加固港口设施，防止船舶走锚、搁浅和碰撞；

4. 切断危险电源，妥善安置易受大风影响的室外物品，遮盖建筑物资；

5. 机场、铁路、高速公路、水上交通等单位应当采取保障交通安全的措施，有关部门和单位注意森林、草原等防火。

（四）大风红色预警信号

图标：

标准：6 小时内可能受大风影响，平均风力可达 12 级以上，或者阵风 13 级以上；或者已经受大风影响，平均风力为 12 级以上，或者阵风 13 级以上并可能持续。

防御指南：

1. 政府及相关部门按照职责做好防大风应急和抢险工作；

2. 人员应当尽可能停留在防风安全的地方，不要随意外出；

3. 回港避风的船舶要视情况采取积极措施，妥善安排人员留守或者转移到安全地带；

4. 切断危险电源，妥善安置易受大风影响的室外物品，遮盖建筑物资；

5. 机场、铁路、高速公路、水上交通等单位应当采取保障交通安全的措施，有关部门和单位注意森林、草原等防火。

六、沙尘暴预警信号

沙尘暴预警信号分三级，分别以黄色、橙色、红色表示。

（一）沙尘暴黄色预警信号

图标：

标准： 12 小时内可能出现沙尘暴天气（能见度小于 1000 米），或者已经出现沙尘暴天气并可能持续。

防御指南：

1. 政府及相关部门按照职责做好防沙尘暴工作；

2. 关好门窗，加固围板、棚架、广告牌等易被风吹动的搭建物，妥善安置易受大风影响的室外物品，遮盖建筑物资，做好精密仪器的密封工作；

3. 注意携带口罩、纱巾等防尘用品，以免沙尘对眼睛和呼吸道造成损伤；

4. 呼吸道疾病患者、对风沙较敏感人员不要到室外活动。

（二）沙尘暴橙色预警信号

图标：

标准：6 小时内可能出现强沙尘暴天气（能见度小于 500 米），或者已经出现强沙尘暴天气并可能持续。

防御指南：

1. 政府及相关部门按照职责做好防沙尘暴应急工作；

2. 停止露天活动和高空、水上等户外危险作业；

3. 机场、铁路、高速公路等单位做好交通安全的防护措施，驾驶人员注意沙尘暴变化，小心驾驶；

4. 行人注意尽量少骑自行车，户外人员应当戴好口罩、纱巾等防尘用品，注意交通安全。

（三）沙尘暴红色预警信号

图标：

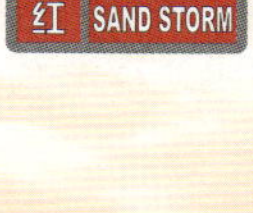

标准：6小时内可能出现特强沙尘暴天气（能见度小于50米），或者已经出现特强沙尘暴天气并可能持续。

防御指南：

1. 政府及相关部门按照职责做好防沙尘暴应急抢险工作；

2. 人员应当留在防风、防尘的地方，不要在户外活动；

3. 学校、幼儿园推迟上学或者放学，直至特强沙尘暴结束；

4. 飞机暂停起降，火车暂停运行，高速公路暂时封闭。

七、高温预警信号

高温预警信号分三级，分别以黄色、橙色、红色表示。

（一）高温黄色预警信号

图标：

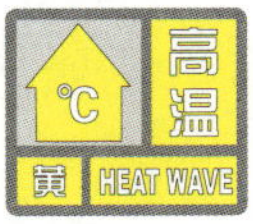

标准：连续三天日最高气温将在35℃以上。

防御指南：

1. 有关部门和单位按照职责做好防暑降温准备工作；

2. 午后尽量减少户外活动；

3. 对老、弱、病、幼人群提供防暑降温指导；

4. 高温条件下作业和白天需要长时间进行户外露天作业的人员应当采取必要的防护措施。

（二）高温橙色预警信号

图标：

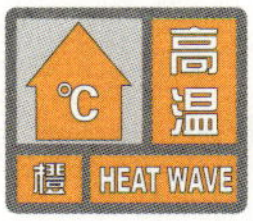

标准：24小时内最高气温将升至37℃以上。

防御指南：

1. 有关部门和单位按照职责落实防暑降温保障措施；

2. 尽量避免在高温时段进行户外活动，高温条件下作业的人员应当缩短连续工作时间；

3. 对老、弱、病、幼人群提供防暑降温指导，并采取必要的防护措施；

4. 有关部门和单位应当注意防范因用电量过高，以及电线、变压器等电力负载过大而引发的火灾。

（三）高温红色预警信号

图标：

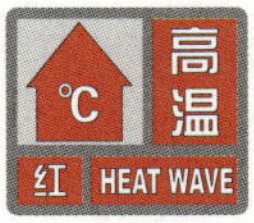

标准：24小时内最高气温将升至40℃以上。

防御指南：

1. 有关部门和单位按照职责采取防暑降温应急措施；

2. 停止户外露天作业（除特殊行业外）；

3. 对老、弱、病、幼人群采取保护措施；

4. 有关部门和单位要特别注意防火。

八、干旱预警信号

干旱预警信号分二级，分别以橙色、红色表示。干旱指标等级划分，以国家标准《气象干旱等级》（GB/T20481-2006）中的综合气象干旱指数为标准。

（一）干旱橙色预警信号

图标：

标准：预计未来一周综合气象干旱指数达到重旱(气象干旱为25～50年一遇)，或者某一县（区）有40%以上的农作物受旱。

防御指南：

1. 有关部门和单位按照职责做好防御干旱的应急工作；

2. 有关部门启用应急备用水源，调度辖区内一切可用水源，优先保障城乡居民生活用水和牲畜饮水；

3. 压减城镇供水指标，优先经济作物灌溉用水，限制大量农业灌溉用水；

4. 限制非生产性高耗水及服务业用水，限制排放工业污水；

5. 气象部门适时进行人工增雨作业。

（二）干旱红色预警信号

图标：

标准：预计未来一周综合气象干旱指数达到特旱(气象干旱为50年以上一遇)，或者某一县（区）有60%以上的农作物受旱。

防御指南：

1. 有关部门和单位按照职责做好防御干旱的应急和救灾工作；

2. 各级政府和有关部门启动远距离调水等应急供水方案，采取提外水、打深井、车载送水等多种手段，确保城乡居民生活和牲畜饮水；

3. 限时或者限量供应城镇居民生活用水，缩小或者阶段性停止农业灌溉供水；

4. 严禁非生产性高耗水及服务业用水，暂停排放工业污水；

5. 气象部门适时加大人工增雨作业力度。

九、雷电预警信号

雷电预警信号分三级，分别以黄色、橙色、红色表示。

（一）雷电黄色预警信号

图标：

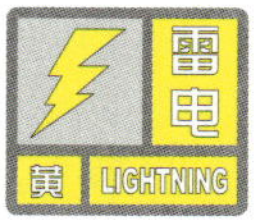

标准：6小时内可能发生雷电活动，可能会造成雷电灾害事故。

防御指南：

1. 政府及相关部门按照职责做好防雷工作；

2. 密切关注天气，尽量避免户外活动。

（二）雷电橙色预警信号

图标：

标准： 2小时内发生雷电活动的可能性很大，或者已经受雷电活动影响，且可能持续，出现雷电灾害事故的可能性比较大。

防御指南：

1. 政府及相关部门按照职责落实防雷应急措施；

2. 人员应当留在室内，并关好门窗；

3. 户外人员应当躲入有防雷设施的建筑物或者汽车内；

4. 切断危险电源，不要在树下、电杆下、塔吊下避雨；

5. 在空旷场地不要打伞，不要把农具、羽毛球拍、高尔夫球杆等扛在肩上。

（三）雷电红色预警信号

图标：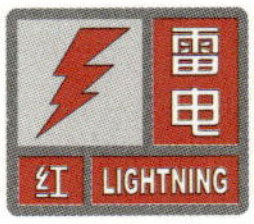

标准： 2小时内发生雷电活动的可能性非常大，或者已经有强烈的雷电活动发生，且可能持续，出现雷电灾害事故的可能性非常大。

防御指南：

1. 政府及相关部门按照职责做好防雷应急抢险工作；

2. 人员应当尽量躲入有防雷设施的建筑物或者汽车内，并关好门窗；

3. 切勿接触天线、水管、铁丝网、金属门窗、建筑物外墙，远离电线等带电设备和其他类似金属装置；

4. 尽量不要使用无防雷装置或者防雷装置不完备的电视、电话等电器；

5. 密切注意雷电预警信息的发布。

十、冰雹预警信号

冰雹预警信号分二级，分别以橙色、红色表示。

（一）冰雹橙色预警信号

图标：

标准： 6小时内可能出现冰雹天气，并可能造成雹灾。

防御指南：

1. 政府及相关部门按照职责做好防冰雹的应急工作；

2. 气象部门做好人工防雹作业准备并择机进行作业；

3. 户外行人立即到安全的地方暂避；

4. 驱赶家禽、牲畜进入有顶蓬的场所，妥善保护易受冰雹袭击的汽车等室外物品或者设备；

5. 注意防御冰雹天气伴随的雷电灾害。

（二）冰雹红色预警信号

图标：

标准： 2小时内出现冰雹可能性极大，并可能造成重雹灾。

防御指南：

1. 政府及相关部门按照职责做好防冰雹的应急和抢险工作；

2. 气象部门适时开展人工防雹作业；

3. 户外行人立即到安全的地方暂避；

4. 驱赶家禽、牲畜进入有顶蓬的场所，妥善保护易受冰雹袭击的汽车等室外物品或者设备；

5.注意防御冰雹天气伴随的雷电灾害。

十一、霜冻预警信号

霜冻预警信号分三级，分别以蓝色、黄色、橙色表示。

（一）霜冻蓝色预警信号

图标：

标准： 48小时内地面最低温度将要下降到0℃以下，对农业将产生影响，或者已经降到0℃以下，对农业已经产生影响，并可能持续。

防御指南：

1. 政府及农林主管部门按照职责做好防霜冻准备工作；

2. 对农作物、蔬菜、花卉、瓜果、林业育种要采取一定的防护措施；

3. 农村基层组织和农户要关注当地霜冻预警信息，以便采取措施加强防护。

（二）霜冻黄色预警信号

图标：

标准： 24小时内地面最低温度将要下降到零下3℃以下，对农业将产生严重影响，或者已经降到零下3℃以下，对农业已经产生严重影响，并可能持续。

防御指南：

1. 政府及农林主管部门按照职责做好防霜冻应急工作；

2. 农村基层组织要广泛发动群众，防灾抗灾；

3. 对农作物、林业育种要积极采取田间灌溉等防霜冻、冰冻措施，尽量减少损失；

4. 对蔬菜、花卉、瓜果要采取覆盖、喷洒防冻液等措施，减轻冻害。

（三）霜冻橙色预警信号

图标：

标准： 24小时内地面最低温度将要下降到零下5℃以下，对农业将产生严重影响，或者已经降到零下5℃以下，对农业已经产生严重影响，并将持续。

防御指南：

1. 政府及农林主管部门按照职责做好防霜冻应急工作；

2. 农村基层组织要广泛发动群众，防灾抗灾；

3. 对农作物、蔬菜、花卉、瓜果、林业育种要采取积极的应对措施，尽量减少损失。

十二、大雾预警信号

大雾预警信号分三级，分别以黄色、橙色、红色表示。

（一）大雾黄色预警信号

图标：

标准：12 小时内可能出现能见度小于 500 米的雾，或者已经出现能见度小于 500 米、大于等于 200 米的雾并将持续。

防御指南：

1. 有关部门和单位按照职责做好防雾准备工作；
2. 机场、高速公路、轮渡码头等单位加强交通管理，保障安全；
3. 驾驶人员注意雾的变化，小心驾驶；
4. 户外活动注意安全。

（二）大雾橙色预警信号

图标：

标准：6 小时内可能出现能见度小于 200 米的雾，或者已经出现能见度小于 200 米、大于等于 50 米的雾并将持续。

防御指南：

1. 有关部门和单位按照职责做好防雾工作；
2. 机场、高速公路、轮渡码头等单位加强调度指挥；
3. 驾驶人员必须严格控制车、船的行进速度；
4. 减少户外活动。

（三）大雾红色预警信号

图标：

标准：2 小时内可能出现能见度小于 50 米的雾，或者已经出现能见度小于 50 米的雾并将持续。

防御指南：

1. 有关部门和单位按照职责做好防雾应急工作；
2. 有关单位按照行业规定适时采取交通安全管制措施，如机场暂停飞机起降，高速公路暂时封闭，轮渡暂时停航等；
3. 驾驶人员根据雾天行驶规定，采取雾天预防措施，根据环境条件采取合理行驶方式，并尽快寻找安全停放区域停靠；
4. 不要进行户外活动。

十三、霾预警信号 *

霾预警信号分为三级，以黄色、橙色和红色表示，分别对应预报等级用语的中度霾、重度霾和严重霾。

（一）霾黄色预警信号

图标：

* 2013 年，中国气象局预报司发文对霾预警信号标准进行了修订。

标准：预计未来 24 小时内可能出现下列条件之一并将持续或实况已达到下列条件之一并可能持续：

（1）能见度小于 3000 米且相对湿度小于 80% 的霾。

（2）能见度小于 3000 米且相对湿度大于等于 80%，$PM_{2.5}$ 浓度大于 115 微克 / 立方米且小于等于 150 微克 / 立方米。

（3）能见度小于 5000 米，$PM_{2.5}$ 浓度大于 150 微克 / 立方米且小于等于 250 微克 / 立方米。

防御指南：

1. 空气质量明显降低，人员需适当防护；

2. 一般人群适量减少户外活动，儿童、老人及易感人群应减少外出。

（二）霾橙色预警信号

图标：

标准：预计未来 24 小时内可能出现下列条件之一并将持续或实况已达到下列条件之一并可能持续：

（1）能见度小于 2000 米且相对湿度小于 80% 的霾。

（2）能见度小于 2000 米且相对湿度大于等于 80%，$PM_{2.5}$ 浓度大于 150 微克 / 立方米且小于等于 250 微克 / 立方米。

（3）能见度小于 5000 米，$PM_{2.5}$ 浓度大于 250 微克 / 立方米且小于等于 500 微克 / 立方米。

防御指南：

1. 空气质量差，人员需适当防护；

2. 一般人群减少户外活动，儿童、老人及易感人群应尽量避免外出。

（三）霾红色预警信号

图标：

标准：预计未来 24 小时内可能出现下列条件之一并将持续或实况已达到下列条件之一并可能持续：

（1）能见度小于 1000 米且相对湿度小于 80% 的霾。

（2）能见度小于 1000 米且相对湿度大于等于 80%，$PM_{2.5}$ 浓度大于 250 微克 / 立方米且小于等于 500 微克 / 立方米。

（3）能见度小于 5000 米，$PM_{2.5}$ 浓度大于 500 微克 / 立方米。

防御指南：

1. 政府及相关部门按照职责采取相应措施，控制污染物排放。

2. 空气质量很差，人员需加强防护；

3. 一般人群避免户外活动，儿童、老人及易感人群应当留在室内；

4. 机场、高速公路、轮渡码头等单位加强交通管理，保障安全；

5. 驾驶人员谨慎驾驶。

十四、道路结冰预警信号

道路结冰预警信号分三级，分别以黄色、橙色、红色表示。

（一）道路结冰黄色预警信号

图标：

标准：当路表温度低于0℃，出现降水，12小时内可能出现对交通有影响的道路结冰。

防御指南：

1. 交通、公安等部门要按照职责做好道路结冰应对准备工作；
2. 驾驶人员应当注意路况，安全行驶；
3. 行人外出尽量少骑自行车，注意防滑。

（二）道路结冰橙色预警信号

图标：

标准：当路表温度低于0℃，出现降水，6小时内可能出现对交通有较大影响的道路结冰。

防御指南：

1. 交通、公安等部门要按照职责做好道路结冰应急工作；
2. 驾驶人员必须采取防滑措施，听从指挥，慢速行使；
3. 行人出门注意防滑。

（三）道路结冰红色预警信号

图标：

标准：当路表温度低于0℃，出现降水，2小时内可能出现或者已经出现对交通有很大影响的道路结冰。

防御指南：

1. 交通、公安等部门做好道路结冰应急和抢险工作；
2. 交通、公安等部门注意指挥和疏导行驶车辆，必要时关闭结冰道路交通；
3. 人员尽量减少外出。